Das Erbe der Vergangenheit

5

# Preußen

Heldenlieder, Balladen, Bilder

von

Theodor Fontane

Berlin und Leipzig

Walter de Gruyter & Co

1934

Archiv-Nr. 45 23 34
Druck von Feigentreff & Co., Berlin-Schöneberg

## Havelland

Grüß' Gott dich, Heimat! ... Nach langem Säumen
In deinem Schatten wieder zu träumen,
Erfüllt in dieser Maienluft
Eine tiefe Sehnsucht mir die Brust.
Ade nun, Bilder der letzten Jahre,
Ihr Ufer der Somme, der Seine, Loire,
Nach Krieges- und fremder Wässer Lauf,
Nimm, heimische Havel, mich wieder auf!

Es spiegeln sich in deinem Strome
Wahrzeichen, Burgen, Schlösser, Dome:
Der Julius-Turm, den Märchen und Sagen
Bis Römerzeiten rückwärts tragen,
Das Schildhorn, wo, bezwungen im Streite,
Fürst Jazko dem Christengott sich weihte,
Der Harlunger Berg, des oberste Stelle
Weitschauend trug unsre erste Kapelle,
Das Plauer Schloß, wo fröstelnd am Morgen
Hans Quitzow steckte im Röhricht verborgen,
Die Pfaueninsel, in deren Dunkel
Rubinglas glühte Johannes Kunkel,
Schloß Babelsberg und Schlößchen Tegel,
Nymphäen, Schwäne, blinkende Segel —
Ob rote Ziegel, ob steinernes Grau,
Du verklärst es, Havel, in deinem Blau.

Und schönest du alles, was alte Zeiten
Und neue an deinem Bande reihten,
Wie schön erst, was fürsorglich längst
Mit liebendem Arme du umfängst.

Jetzt Wasser, drauf Elsenbüsche schwanken,
Lücher, Brücher, Horste, Lanken,
Nun kommt die Sonne, nun kommt der Mai,
Mit der Wasser-Herrschaft ist es vorbei.
Wo Sumpf und Lache jüngst gebrodelt,
Ist alles in Teppich umgemodelt, —
Ein Riesenteppich, blumengeziert,
Viele Meilen im Geviert.
Tausendschönchen, gelbe Ranunkel,
Zittergräser, hell und dunkel,
Und mitteninne (wie das lacht!)
Des roten Ampfers leuchtende Pracht.
Ziehbrunnen über die Wiese zerstreut,
Trog um Trog zu trinken beut,
Und zwischen den Trögen und den Halmen,
Unter nährendem Käuen und Zermalmen,
Die stille Herde; . . . das Glöcklein klingt,
Ein Luftzug das Läuten herüberbringt.

Und an dieses Teppichs blühendem Saum
Die lachenden Dörfer, ich zähle sie kaum:
Linow, Lindow,
Rhinow, Glindow,
Beetz und Gatow,
Dreetz und Flatow,
Bamme, Damme, Kriele, Krielow,
Petzow, Retzow, Ferch am Schwielow,
Zachow, Wachow und Groß-Bähnitz,
Marquardt an der stillen Schlänitz,
Senzke, Lenzke und Marzahne,
Lietzow, Tietzow und Rekahne,
Und zum Schluß in dem leuchtenden Kranz:
Ketzin, Ketzür und Vehlefanz.

Und an deinen Ufern und an deinen Seen,
Was, stille Havel, sahst all du geschehn?!

Aus der Tiefe herauf die Unken klingen —
Hunderttausend Wenden hier untergingen;
In Lüften ein Lärmen, ein Bellen und Jagen,
„Das ist Waldemar“ sie flüstern und sagen;
Im Torfmoor, neben dem Cremmer-Damme
(Wo Hohenloh fiel), was will die Flamme?
Ist's bloß ein Irrlicht? . . Nun klärt sich das Wetter,
Sonnenschein, Trompetengeschmetter,
Derfflinger greift an, die Schweden fliehn,
Grüß' Gott dich, Tag von Fehrbellin.

Grüß' Gott dich. Tag, du Preußen-Wiege,
Geburtstag und Ahnherr unsrer Siege,
Und Gruß dir, wo die Wiege stand,
Geliebte Heimat, Havelland!

## Gruß

Blaue Havel, Grunewald,
Grüß' mir alle beide,
Grüß' und sag', ich käme bald,
Und die Tegler Heide.

## Adlig Begräbnis

Ein Zugwind ging durch die Stuben,
Auf standen Hall' und Tor,
Als die Mittelmärk'schen begruben
Ihren alten Otto von Rohr.

Sechs Rohr'sche Vettern ihn tragen,
Sechs andre nebenher,
Dann folgen drei von der Hagen
Und drei von Häseler.

Ein Ribbeck, ein Stechow, ein Zieten,
Ein Rathenow, ein Quast,
Vorüber an Scheunen und Mieten
Auf den Schultern schwankt die Last.

Um den Kirchhof her ein Blitzen
Von Herbstessonnenschein,
Die roten Berberitzen
Hängen über Mauer und Stein.

Eine dreizehner Landwehrfahne
Der alte von Bredow trug,
Und Hans Rochow von Rekahne
Schloß ab den Trauerzug.

## Herr von Ribbeck auf Ribbeck im Havelland

Herr von Ribbeck auf Ribbeck im Havelland,
Ein Birnbaum in seinem Garten stand,
Und kam die goldene Herbsteszeit
Und die Birnen leuchteten weit und breit,
Da stopfte, wenn's Mittag vom Turme scholl,
Der von Ribbeck sich beide Taschen voll,
Und kam in Pantinen ein Junge daher,
So rief er: „Junge, wiste 'ne Beer?"
Und kam ein Mädel, so rief er: „Lütt Dirn,
Kumm man röwer, ick hebb 'ne Birn."

So ging es viel Jahre, bis lobesam
Der von Ribbeck auf Ribbeck zu sterben kam.
Er fühlte sein Ende. 's war Herbsteszeit,
Wieder lachten die Birnen weit und breit;
Da sagte von Ribbeck: „Ich scheide nun ab.
Legt mir eine Birne mit ins Grab."

Und drei Tage drauf, aus dem Doppeldachhaus,
Trugen von Ribbeck sie hinaus,
Alle Bauern und Büdner mit Feiergesicht
Sangen „Jesus meine Zuversicht",
Und die Kinder klagten, das Herze schwer:
„He is dod nu. Wer giwt uns nu 'ne Beer?"

So klagten die Kinder. Das war nicht recht —
Ach, sie kannten den alten Ribbeck schlecht;
Der neue freilich, der knausert und spart,
Hält Park und Birnbaum strenge verwahrt.

Aber der alte, vorahnend schon
Und voll Mißtraun gegen den eigenen Sohn,
Der wußte genau, was damals er tat,
Als um eine Birn in's Grab er bat,
Und im dritten Jahr, aus dem stillen Haus
Ein Birnbaumsprößling sproßt heraus.

Und die Jahre gehen wohl auf und ab,
Längst wölbt sich ein Birnbaum über dem Grab,
Und in der goldenen Herbsteszeit
Leuchtet's wieder weit und breit.
Und kommt ein Jung' über'n Kirchhof her,
So flüstert's im Baume: „wiste ne Beer?"
Und kommt ein Mädel, so flüstert's: „Lütt Dirn,
Kumm man röwer, ick gew' di 'ne Birn."

So spendet Segen noch immer die Hand
Des von Ribbeck auf Ribbeck im Havelland.

# Die Schlacht am Cremmer-Damm

1334

(Nach dem Alt-Pommerschen)

Und als Herzog Barnim, der vielkleine Mann,
Um mit Markgraf Ludwig zu fechten,
War bis an den Cremmer-Damm heran,
Sprach er zu Rittern und Knechten:

„Das Cremmer Luch ist ein garstig Loch,
Und den Feind daraus zu vertreiben,
Ich denke, Leute, wir lassen's noch
Und wollen diesseits bleiben.

Wir schreiben aus eine große Steu'r,
Und wer sich nicht will bequemen,
Den zwingen wir mit Wasser und Feu'r
Und wollen das Vieh ihm nehmen."

Der Rat gefiel den Pommern all,
Und verquer an den beiden Ecken
Gruben sie hastig Graben und Wall,
Dahinter sich zu verstecken.

Markgraf Ludwig aber, der tapfere Held,
Drüben sah man ihn reiten,
Er dachte, „die Pommern stehen im Feld
Und werden den Damm überschreiten."

Als aber keiner sich's unterwand,
Ließ er seinen Trompeter kommen
Und sagte: „Nimm deine Trompet in die Hand
Und blas', bis sie's drüben vernommen.

„Und sage dem Herzog Barnim an,
Ich hätte groß Verlangen,
Ihn und seine Ritter, Mann für Mann,
Hier diesseits zu empfangen.

„Und wenn es hier diesseits ihm nicht behagt,
So wollt' ich ihm versprechen,
Und auf dem Luch-Damm unverzagt
Eine Lanze mit ihm zu brechen."

Drauf der: er woll' ihm Rede stehn;
Nichtkommen das dünk' ihm Sünde,
Sie wollten sich treffen und wollten sehn,
Wer das Spiel am besten verstünde.

* *
*

Da ging es vom Graben den Damm hinauf,
Drauf standen dicht die Märker,
Die wehrten sich einzeln und zu Hauf,
Aber Herzog Barnim war stärker.

Die Märkischen konnten nicht bestahn,
Das Luch war ihr Verderben,
Und viele mußten da liegen gahn
Und ohne Wunde sterben.

Und mählich wichen sie Schritt für Schritt,
Vor Cremmen weiter zu fechten,
Die Pommern folgten in festem Tritt,
Die Ritter mitsamt den Knechten.

Aber vor Cremmen hielt man an
Und mußte draußen bleiben,
Die Märkischen standen da Mann an Mann
Und waren nicht zu vertreiben.

Sie schossen hinunter aus Turm und Tor
In das pommersche Gedränge,
Dann drängten sie selber wieder vor,
Tote gab es die Menge.

Da sprach Schwerin: „Das tut kein gut,
Laßt uns den Damm erfassen,
Oder wir müssen unser Blut
Hier alle vor Cremmen lassen."

So zogen sie wieder dem Damme zu,
Heimwärts ohn' Schimpf und Schade,
Zuletzt ging auch der Krieg zu Ruh —
Gott geb' uns seine Gnade.

## Der Quitzowen Fall und Untergang
### 1414
(Nach dem Alt-Märkischen)

Und Christ im Himmel erbarmte sich:
Da gab er zum Trost uns männiglich
Unseren Markgraf Friederich,
Einen Fürsten lobesamen.

Das ist ein Fürst von eigner Art,
In ihm sind Kraft und Mut gepaart;
Ob Laien oder wohlgelahrt,
Alle preisen seinen Namen.

Zu loben ihn uns wohl ansteht,
Ihn, den so lange die Mark erfleht;
Gott selber in seiner Majestät
Hat ihn uns erwecket.

Seit Kaiser Karl zu Prag uns starb,
Das Land verkam, das Land verdarb,
Bis Friedrich unsre Mark erwarb,
Das hat die Räuber erschrecket.

Und die ihm wollten widerstehn,
Wie der Kuckuck waren sie anzusehn,
Er war der Adler, sie waren die Krähn.
Er zerstäubte sie geschwinde.

Die Quitzowschen schwuren einen Eid:
„Wir machen ihm das Land zu Leid",
Und dazu waren sie wohl bereit
Mit ihrem Ingesinde.

„Was soll uns der Nürrenberger Tand?
Ist Spielzeug nur in uns're Hand,
Wir sind die Herren in diesem Land
Und wollen es beweisen.

„Und regnet's Fürsten noch ein Jahr,
Das macht nicht Furcht uns und Gefahr,
Er soll uns krümmen nicht ein Haar,
Nach Hause soll er reisen.

„Und kommt zu Fuß er oder Pferd,
Mit Büchse, Tartschen oder Schwert,
Uns dünkt es keinen Heller wert,
Er muß dem Land entsagen.

„Und will er nicht, er tut nicht gut,
Wir stehen mutig seinem Mut,
Zehn Schlösser sind in uns're Hut,
Er soll uns nicht verjagen."

Als das die Fürstenschaft vernahm,
In Hasten alles zusammenkam;
Einem jeden wär' es Schimpf und Scham,
Wär' er da nicht gekommen.

Der Bischof von Magdeburg war zur Hand,
Günther von Schwarzburg war er genannt,
Nach Plaue hat er sich gewandt
Und die „Grethe“ mitgenommen.

Dann zog heran ein Sachsenhauf',
Herzog Rudolf allen vorauf.
Nach Golzow nahm er Ziel und Lauf
Und stellte sich vor die Feste.

Da ließ er schwenken seine Fahn':
„Ich denke, rasch ist gut getan,
Laßt uns an ein Stürmen gahn,
Und jeder tue das beste.“

Burggraf Friedrich aber vor Friesack zog,
Der Graben war tief, die Mauer war hoch,
Aber die Franken stürmten sie doch,
Alle wollten sie Ritter werden.

Ein Hagel von Pfeilen sie flugs empfing,
Da schützte nicht Schiene, nicht Panzerring,
Mancher Pfeil bis in das Herze ging,
Und viele sanken zu Erden.

Ja, Pfeile flogen und Kugel und Stein,
Da riefen die Franken: „Tritt für uns ein,
Maria, woll' uns gnädig sein,
Auf daß der Hochmut erliege.“

Die heilige Jungfrau, sie war es gewillt,
Sie lieh den Stürmenden ihren Schild,
Ein jeder sah ihr Himmelsbild,
Und so schritten sie zum Siege.

Das Wetter war kraus und ungestalt,
Es regnete, schneite und war kalt,
Die Schlösser kamen in unsre Gewalt,
Weil Gott im Himmel es wollte.

Friesack, Plaue, Rathenow,
Und Golzow und Beuthen ebenso,
Sie huldigen Friedrich, und alle sind froh,
Daß Recht Recht bleiben sollte.

Die Fürsten lenkten heimwärts ein,
Desgleichen die Städte, groß und klein;
Viele waren geschossen durch Hüft und Bein
Und hinkten nach Haus an Krücken.

* * *

Ach, reicher Gott, den Fürsten gut,
Nimm ihn gnädig in Deine Hut
Und woll' ihn durch Dein heilig Blut
Erquicken und beglücken.

Auch seiner edlen Fraue zart,
Sei'n Deine Gaben aufgespart,
Dann sind allbeide wohlbewahrt
In Deinem Himmel droben.

In Deinem Himmel, nach dem wir schau'n
Auf den wir all in Hoffnung bau'n,
Um willen uns'rer lieben Frau'n,
Die wir rühmen und preisen und loben.

## Die Gans von Putlitz und die Erstürmung von Angermünde

25. März 1420

(Nach dem Alt-Pommerschen)

Ein neues Lied gesungen sei:
Nach dem Winter, da kommt der Mai,
Das haben wir wohl vernommen;
Und daß Kettr-Angermünde märkisch ward,
Das soll dem Markgrafen frommen!

* * *

Johann von Briesen ließ sich jagen
Von Kettr-Angermünde bis Greifenhagen,
All Mut war ihm gebrochen;
Da ging er zu Hofe nach Alten-Stettin
Und hat zu dem Herzog gesprochen:

„Gnäd'ger Herre, was zu halten stand,
Kettr-Angermünd und das Stolper Land,
Ist verloren und verdorben;
Der Markgraf hält es jetzt in Hand,
Und doch hieß es: er sei gestorben."

Da ließ der Herzog entbieten und holen
All seine Mannschaft, Pommern und Polen,
Nach Vierraden ritt man zu Tische;
Da setzten sie sich und hielten Rat
Und aßen süße Fische.

Dann ritten sie weiter und kaum heran,
Angermünde ward ihnen aufgetan,
Alle haben dem Herzog geschworen
Und alle riefen: „Stettin, Stettin!"
Und Brandenburg war verloren.

Aber draußen hinter Wall und Graben,
Die Märkischen schon sich gesammelt haben,
Vierhundert Reiter und Knechte;
Die Gans von Putlitz führet sie,
Zischend, auf daß sie fechte.

Ja, die Gans, der wollt' es nicht behagen, —
Sie streckte zornig ihren Kragen
Über die Pommern alle;
Da schwebte der märkische Adler hoch
Und die Greifen kamen zu Falle.

Die Gans aber wuchs im Grimme noch,
Sie schlug mit den Flügeln ein Bresche loch,
Und da stand sie nun zwischen den Steinen,
Und als sie bis zum Markte kam,
Waren sie zehn gegen einen.

Da gingen die Schwerter die Klinker die Klang,
Herr Detleff Schwerin mit dem Putlitz rang
Und wollte den Preis erwerben;
Da mußte Herr Detleff von Schwerin
Für seinen Erbherrn sterben.

Das war des Herzogs schwerster Tag,
Als da Herr Detleff vor ihm lag,
Zerhackt, in Blut und Wunden,
Und er rief: „O hätt' ich über den Damm
Erst wieder zurücke gefunden!"

Er sprach es und ritt im Zuge vorn,
Er gab seinem Rosse Schlag und Sporn
Und suchte die Zügel zu fassen;
So kam er bis an das „hohe Haus",
Da ward er eingelassen.

Das war zu Vierraden. Auf Schlosses Brück'
Einmal noch sah er zurück,
Im Herzen voll Weh und Leide:
„Kettr-Angermünde, du vielgute Stadt,
Daß ich so von dir scheide!"

* * *

Der aber, der dies Lied euch sang,
Ein Schmiedeknecht ist er schon lang',
Und sie nennen ihn Köne Finken;
Und er führt ein Hämmerchen auf der Hand,
Und Gut-Bierchen mag er trinken.

## Der alte Derffling

Es haben alle Stände
So ihren Degenwert,
Und selbst in Schneiderhände
Kam einst das Heldenschwert;
Drum jeder, der da zünftig
Mit Nadel und mit Scher',
Der mache jetzt und künftig
Vor Derffling sein Honneur.

In seinen jungen Tagen
War das ein Schneiderblut,
Doch mocht' ihm nicht behagen
So Zwirn wie Fingerhut,
Und wenn er als Geselle
So saß und fädelt ein,
Schien ihm die Schneiderhölle
Die Hölle selbst zu sein.

Einst als das Nadelhalten
Ihm schier an's Leben ging,
Dacht' er: „Das Schädelspalten
Ist doch ein ander Ding;"
Fort warf er Maß und Elle
Voll Kriegslust an die Wand,
Und nahm an Nadels Stelle
Den Säbel in die Hand.

Sonst focht er still und friedlich
Nach Handwerksburschen-Recht,
Jetzt war er unermüdlich
Beim Fechten im Gefecht;
Es war der flinke Schneider
Zum Stechen wohl geschickt,
Oft hat er an die Kleider
Dem Feinde was geflickt.

Er stieg zu hohen Ehren,
Feldmarschall ward er gar,
Es mocht' ihn wenig kehren,
Daß einst er Schneider war;
Nur, fand er einen Spötter,
Verstund er keinen Spaß
Und brummte: „Für Hundsfötter
Ist hier mein Ellenmaß."

Krank lag er in seinem Schlosse
Der greise Feldmarschall,
Keins seiner Lieblingsrosse
Kam wiehernd aus dem Stall;
Er sprach: „Als alter Schneider
Weiß ich seit langer Zeit:
Man wechselt seine Kleider —
Auch hab' ich des nicht Leid.

„Es fehlt der alten Hülle
In Breite schon und Läng',
Der Geist tritt in die Fülle,
Der Leib wird ihm zu eng;
Gesegnet sei dein Wille,
Herr Gott, in letzter Not!"
Er sprach's und wurde stille —
Der alte Held war tot.

## Der alte Dessauer

Ich will ein Lied euch singen!
Mein Held ist eigner Art:
Ein Zopf vor allen Dingen,
Dreimaster, Knebelbart,
Blitzblank der Rock vom Bürsten
Und jeder Knopf wie Gold, —
Ihr merkt, es gilt dem Fürsten,
Dem alten Leopold.

All' Wissenschaft und Dichtung
Sein Lebtag er vermied,
Und sprach er je von „Richtung",
Meint' er in Reih' und Glied;
Statt Opern aller Arten
Hatt' er nur einen Marsch,
Und selbst mit Schriftgelahrten
Verfuhr er etwas barsch.

Nicht mocht' er Phrasen türmen
Von Fortschritt, glatt und schön,
Er wußte nur zu stürmen
Die Kesselsdorfer Höh'n;

Er hielt nicht viel vom Zweifel,
Und wen'ger noch vom Spott,
Er war ein dummer Teufel,
Und glaubte noch an Gott.

Ja, ja, er war im Leben
Beschränkt, wie man's so heißt,
Und soll ich Antwort geben,
Warum mein Lied ihn preist?
Nun denn, weil nie mit Worten
Er seine Feinde fraß,
Und weil ihm rechter Orten
So Herz wie Galle saß.

Wir haben viel von Nöten,
Trotz allem guten Rat,
Und sollten schier erröten
Vor solchem Mann der Tat;
Verschnittnes Haar im Schopfe
Macht nicht allein den Mann —
Ich halt' es mit dem Zopfe,
Wenn solche Männer dran.

## Der alte Zieten

Joachim Hans von Zieten,
Husaren-General,
Dem Feind die Stirne bieten,
Er tat's wohl hundertmal;
Sie haben's all' erfahren,
Wie er die Pelze wusch,
Mit seinen Leibhusaren
Der Zieten aus dem Busch.

Hei, wie den Feind sie bläuten,
Bei Hennersdorf und Prag,
Bei Liegnitz und bei Leuthen,
Und weiter Schlag auf Schlag;
Bei Torgau, Tag der Ehre,
Ritt selbst der Fritz nach Haus,
Doch Zieten sprach: „Ich kehre
Erst noch mein Schlachtfeld aus."

Sie kamen nie alleine,
Der Zieten und der Fritz,
Der Donner war der Eine,
Der Andre war der Blitz.
Es wies sich keiner träge,
Drum schlug's auch immer ein,
Ob warm', ob kalte Schläge,
Sie pflegten gut zu sein. —

Der Friede war geschlossen,
Doch Krieges Lust und Qual,
Die alten Schlachtgenossen
Durchlebten's noch einmal.
Wie Marschall Daun gezaudert,
Und Fritz und Zieten nie,
Es ward jetzt durchgeplaudert
Bei Tisch in Sanssouci.

Einst mocht' es ihm nicht schmecken,
Und sieh, der Zieten schlief,
Ein Höfling wollt' ihn wecken,
Der König aber rief:
„Laßt schlafen mir den Alten,
Er hat in mancher Nacht
Für uns sich wach gehalten,
Der hat genug gewacht." —

Und als die Zeit erfüllet
Des alten Helden war,
Lag einst, schlicht eingehüllet,
Hans Zieten, der Husar:
Wie selber er genommen
Die Feinde stets im Busch,
So war der Tod gekommen
Wie Zieten aus dem Busch.

## Seydlitz

### 1. Seydlitz und der Bürgermeister von Ohlau

In Ohlau, der Bürgermeister der Stadt
Eine weiße Zippelmütze hat; —
Gegenüber im Kommandantenhaus
Sieht Seydlitz morgens zum Fenster hinaus.

Und jeden Morgen, unentwegt,
Sich auch Zippelmütz' ins Fenster legt,
Und wenn der Seydlitz drüben schmaucht,
Auch Zippelmütze sein Pfeifchen raucht,
Und wenn der Seydlitz zum Räuspern ruckt,
Hat Zippelmütze schon ausgespuckt. —

Das ärgert den Seydlitz. „Philistergesicht.
Affront dazu; das lieb' ich nicht."
Und er nimmt Pistolen links von der Wand,
Zielt hinüber mit sichrer Hand,
Zielt und schießt auf dreißig Schritt',
Eine zweite Kugel und nun eine dritt',
Es spritzt der Kalk; — der drüben heiter
Zieht seine Mütze, raucht aber weiter,
Und Seydlitz lacht: „Verfluchte Visage.
Aber der Kerl hat Courage."

Das war im Frieden. Nun steht die Schlacht:
Seydlitz wartet und Seydlitz wacht,
An strahlt ihn der Ruhm, er steigt zu Pferde,
Hundert Schwadronen, es donnert die Erde;
Gestern in Ohlau im Fenster liegen,
Heute bei Zorndorf siegen, siegen —
Wie kam der Wandel! Fragt nicht wie.
Klein im Kleinen, im Großen Genie.

## 2. Und Calcar, das ist Sporn

In Büchern und auf Bänken,
Da war er nicht zu Haus,
Ein Pferd im Stall zu tränken,
Das sah schon besser aus;
Anschnallt er die silbernen Sporen,
Blaustählern war der Dorn, —
Zu Calcar war er geboren
Und Calcar, das ist Sporn.

Es sausen die Windmühlflügel,
Es klappern Leiter und Steg,
Da, mit verhängtem Zügel
Geht's unter dem Flügel weg,
Und bückend sich vom Pferde,
'nen vollen Büschel Korn
Ausreißt er aus der Erde,
Hei, Calcar, das ist Sporn.

Sie reiten über die Brücken
Und Friedrich scherzt: „Jenun,
Hie Feind in Front und Rücken,
Seydlitz, was würd' Er tun?"
Der, über die Brückenwandung,
Spornt er halblinks nach vorn,

Der Strom schäumt auf wie Brandung —
Ja, Calcar, das ist Sporn.

Und andre Zeiten wieder;
O kurzes Heldentum,
Zu Tode liegt er danieder
Und lächelt: „Was ist Ruhm?
Ich höre nun allerwegen
Eines stärkeren Reiters Horn,
Aber auch ihm entgegen, —
Denn Calcar, das ist Sporn."

## Schwerin

Nun aber soll erschallen
Dir Preis und Ruhm, Schwerin,
Der du vor Prag gefallen,
Beim Sturme der Battrien;
Es lebt in Eins verschlungen
„Schwerin" und „Schlacht bei Prag",
Drum sei dein Lob gesungen
Durch deinen Ehrentag. —

Des sechsten Maies Morgen
Schwebt über Berg und Au,
Der Feind ist wohlgeborgen
Durch Gräben und Verhau;
Es halten seine Flügel
Die Höhen rings besetzt,
Ein feuerspei'nder Hügel
Ist jede Kuppe jetzt.

Hier wird die Schlacht geschlagen!
Steil ist die Bergesbahn,
Doch siegen und nicht wagen,
Das heißt nur halb getan;

Die Grenadiere stürmen,
Kartätschen prasseln drauf,
Und vor den Hügeln türmen
Sich Leichenhügel auf.

Am Boden liegt vernichtet
Schwerin's Leib-Bataillon;
Ein Eichwald, tief gelichtet,
So steht ein zweites schon;
Getroffen sinkt danieder
Gen'ral von Winterfeld,
Und die zerschoßnen Glieder
Nichts mehr im Feuer hält.

Sie fliehn. Die alte Erde
Bebt selbst, als ob ihr's graut,
Da steigt Schwerin vom Pferde:
„Mir nach!" so ruft er laut;
Er faßt die alte Fahne,
Noch nie zur Flucht gewandt,
Daß er den Sieg erbahne
Mit seiner Greisenhand. —

Die Hügel sind erstiegen
Die Kaiserlichen fliehn,
Doch trauervolles Siegen:
Im Sterben liegt — Schwerin;
Vier Kugeln, erzgegossen,
Sie haben ihn zerfetzt,
Die Fahne, die zerschossen,
Sein Bahrtuch ist sie jetzt.

Die Truppen ziehn vorüber
Mit dumpfem Trommelschlag,
Solch Tag des Glücks ist trüber
Als mancher Unglückstag;

Wie Wetterwolkenschwere
Sieht man's am Himmel ziehn,
Sie ziehn vorauf dem Heere,
Sich lagernd über — Kolin.

## Keith

Da, wo der Strom der Schotten,
Der Tay, vom Felsen springt,
Wo's noch in Schlucht und Grotten
Von Bruce und Wallace klingt,
Am Tay, wo blut'ge Siege
Jedweden Fleck geweiht,
Dort stand auch deine Wiege,
Feldmarschall Jakob Keith.

Es sang die Hochlandsamme
Mit Schlachten dich in Ruh,
Aus ihrem Clan und Stamme
Pries sie die Helden dazu;
Drum, ehe der Bart am Kinne
Dir sproßte noch hervor,
Standst du, voll Mannessinne,
Schon mit bei Sherifmoor.

Du standest bei den Schwachen,
Die Stuarts mußten fliehn,
Es trug auch dich ein Nachen
Gen Frankreichs Küste hin;
Ein Kunst- und Wanderleben
Hob an, von Land zu Land:
Gastrollen tätst du geben,
Den Degen in der Hand.

Du spieltest alle Rollen,
Den Höfling selbst, mit Glück,
Doch schöpfen aus dem Vollen
Ließ dich das Ritterstück;
Das war dein Fach, das Kühne,
Der Mut bis in den Tod,
Und mancher schlechten Bühne
Halfst du aus arger Not. —

Es gab nur eine Truppe
Damals von gutem Ruf,
Das war die glänzende Gruppe,
Die Friedrich um sich schuf;
Es suchte sein Theater
Talente weit und breit,
Und siehe, gewinnen tat er
Auch dich auf Lebenszeit.

Nur immer Muster-Dramen
Gab's da, mal hier, mal dort:
Vor lauter Handlung kamen
Die Spieler kaum zu Wort;
Abwechselnd zu Fuß und zu Rosse
Gab's Lust- und Trauerspiel,
Bei Roßbach, jene Posse
Vor allen wohlgefiel.

Da kam, voll Tod und Wetter,
Von Hochkirch jene Nacht,
Du mußtest auf die Bretter,
O Keith, eh' du's gedacht:
Das gab kein sichres Spielen,
Nur Wirrwarr und Geschrei
Und wenn Stichworte fielen,
War's vollends erst vorbei.

Der Vorhang sollte fallen,
Du aber, rings bedroht,
Riefst: „Bestes Stück von allen
Bleibt ehrenvoller Tod!"
Und so im Kugelregen,
Tratst du vom Schauplatz ab; —
Laß auf dein Grab mich legen
Dies Lied zum Feldherrnstab.

## Alte Fritz-Grenadiere

### 1. Auf dem Marsch

„„Alter, was schleppst du dich noch mit?
Humpelst und bist aus Schritt und Tritt;
Warum bliebst du nicht zu Haus?
Mit über sechzig ist es aus.""

„Nich aus! Ich kann noch im Feuer stehn —
Und wenn dann die Jungen nach mir sehn
Und sehen: der Alte blinzelt nicht
Und rührt kein Haar sich in seinem Gesicht
Und zielt in Ruh und gibt seinen Schuß,
Da machen sie's auch, wie man's machen muß,
Und halten aus in Donner und Blitz —
Im Feuer nicht blinzeln, das kann ich noch, Fritz."

### 2. Bei Torgau

Auch die Grenadiere wollen nicht mehr.
Wie ein Rasender jagt der König daher
Und hebt den Stock und ruft unter Beben:
„Racker, wollt ihr denn ewig leben?
Betrüger . . ."
„„Fritze, nichts von Betrug;
Für fünfzehn Pfennig ist's heute genug.""

## 3. Rekruten-Korporal

In Würzburg, bei den Bischöflichen,
Sind ihm schon sieben Jahre verstrichen,
Seiner Potsdamer Tage, manch liebes Mal,
Denkt der alte Korporal.

Auf dem Platze, hart an der Würzburger Brück',
Exerziert er Rekruten vor und zurück,
Zählt und wettert: „Rechten, linken,
Verfluchter Kerl, Speck und Schinken . . ."

Ein blutjunger Leutnant, neunzehn schon,
Ärgert sich über den preußischen Ton
Und fährt dazwischen: „Euer Rekrut
Macht alles richtig, macht alles gut.
Ihr versteht nicht den Dienst . . ."
Der Alte grient:
„Ich habe dem König von Preußen gedient."

## 4. Erstes Bataillon Garde

(1780)

Erstes Bataillon Garde. Parad' oder Schlacht
Ihm wenig „Differenzen" macht,
Ob in Potsdam sie trommelnd auf Wache ziehn,
Ob sie stehen und fallen bei Kolin,
Ob Patronenverknattern, ob Kugelpfiff,
Immer derselbe feste Griff,
Dieselbe Ruh. Jede Miene drückt aus:
„Ich gehör' zur Familie, bin mit vom Haus."

Ihrer viere sitzen im Knapphanszelt,
Eine Kottbuser hat sich jeder bestellt,

Einen Kornus dazu; das Bier ist frisch.
Ein Berliner setzt sich mit an den Tisch,
Ein Berliner Budiker — da währt's nicht lange,
Plappermühl' ist im besten Gange.
„Wahrhaftig, ihr habt die schönste Montur,
Litzen, Paspel, Silberschnur,
Blechmützen wie Gold, gut Traktement,
Und der König jeden von euch kennt.
Erstes Bataillon Garde, Prachtkerle vor all'n,
Solch Götterleben sollt' mir gefall'n."

Drei schwiegen. Endlich der vierte spricht:
„Ne, Freund Berliner! so is es nicht.
Eine propre Montur, was soll uns die geben?
Unser Götter- is bloß ein Jammerleben.
Potsdam, o du verfluchtes Loch,
Führst du doch heut in die Hölle noch
Und nähmst ihn mit mitsamt seinen Hunden,
Da wär auch der gleich mit abgefunden,
Ich mein', den da oben — uns läg' nichts dran,
Is doch bloß ein Quälgeist und Tyrann,
Schont nicht Fremde, nicht Landeskinder,
Immer derselbe Menschenschinder,
Immer dieselbe verfluchte Ravage, —
Potsdam, o du große Blamage!"

Das war dem Berliner nach seinem Sinn,
Er lächelte pfiffig vor sich hin:
„Ich sag' das schon lange. Was hat er denn groß?
Große Fenstern hat er, sonst is nich viel los.
Und reden kann er. Na das kann jeder,
Hier aber, er zieht nicht gerne vom Leder."

Da lachten all' vier und der eine spricht:
„Ne, Freund Budiker, so geht es nicht.
Zuhören kannst du, wenn wir 'mal fluchen,
Aber du darfst es nicht selber versuchen.

Wir dürfen frech sein und schimpfen und schwören,
Weil wir selber mit zugehören,
Wir dürfen reden von Menschenschinder,
Dafür sind wir seine Kinder;
Potsdam, o du verfluchtes Loch,
Aber Er, er ist unser König doch,
Unser großer König. Gott soll mich verderben,
Wollt' ich nicht gleich für Fritzen sterben."

## Prinz Louis Ferdinand

Sechs Fuß hoch aufgeschossen,
Ein Kriegsgott anzuschaun,
Der Liebling der Genossen,
Der Abgott schöner Frau'n,
Blauäugig, blond, verwegen,
Und in der jungen Hand
Den alten Preußendegen —
Prinz Louis Ferdinand.

Die Generalitäten
Kopfschütteln früh und spät,
Sie räuspern sich und treten
Vor Seine Majestät,
Sie sprechen: „Nicht zu dulden
Ist dieser Lebenslauf,
Die Mädchen und die Schulden
Zehren den Prinzen auf."

Der König drauf mit Lachen:
„Dank schön, ich wußt' es schon;
Es gilt ihn kirr zu machen,
Drum: Festungsgarnison;

Er muß in die Provinzen
Und nicht länger hier verziehn,
Nach Magdeburg mit dem Prinzen —
Und nie Urlaub nach Berlin."

Der Prinz vernimmt die Märe,
Saß eben bei seinem Schatz:
„Nach Magdeburg, auf Ehre,
Das ist ein schlimmer Platz!"
Er meldet sich am Orte
Und es spricht der General:
„„Täglich elf Uhr zum Rapporte
Ein für allemal!""

O Prinz, das will nicht munden,
Doch denkt er: „Sei gescheit,
Volle vierundzwanzig Stunden
Sind eine hübsche Zeit,
Relais, viermal verschnaufen,
Auf dem Sattel Nachtquartier,
Und kann's ein Pferd nicht laufen,
So laufen's ihrer vier."

Hinfliegt er wie die Schwalben,
Fünf Meilen ist Station,
Vom Braunen auf den Falben,
Das ist die Havel schon,
Vom Rappen auf den Schimmel,
Nun faßt die Sehnsucht ihn,
Drei Meilen noch — hilf Himmel,
Prinz Louis in Berlin.

Gegeben und genommen
Wird einer Stunde Glück,
Dann, flugs wie er gekommen,
Im Fluge geht's zurück,

Elf Uhr am andern Tage
Hält er am alten Ort,
Und mit dem Glockenschlage
Da steht er zum Rapport. —

Das war nur bloßes Reiten,
Doch wer so reiten kann,
Der ist in rechten Zeiten
Auch wohl der rechte Mann;
Schon über Tal und Hügel
Stürmt ostwärts der Koloß —
Prinz Louis sitzt am Flügel
Im Rudolstädter Schloß.

Es blitzt der Saal von Kerzen,
Zwölf Lichter um ihn stehn,
Nacht ist's in seinem Herzen,
Und Nacht nur kann er sehn.
Die Töne schwellen, rauschen,
Es klingt wie Lieb' und Haß,
Die Damen stehn und lauschen,
Und was er spielt ist das:

„Zu spät zu Kampf und Beten!
Der Feinde Rosseshuf
Wird über Nacht zertreten,
Was ein Jahrhundert schuf;
Ich seh' es fallen, enden,
Und wie alles zusammenbricht —
Ich kann den Tag nicht wenden,
Aber leben will ich ihn nicht!"

Und als das Wort verklungen,
Rollt Donner schon der Schlacht,
Er hat sich aufgeschwungen,
Und sein Herze noch einmal lacht,

Vorauf den andern allen
Er stolz zusammenbrach,
Prinz Louis war gefallen
Und Preußen fiel — ihm nach.

## Berliner Spottvers

(1812)

Warte
Bonaparte,
Warte Kujon,
Andre Woche, wir kriegen dich schon.

Ja der Russe, ja der Russ'
Hat uns gezeigt, wie man's machen muß:
Im ganzen Kremmel
Nicht eine Semmel,
Und auf den Hacken
Immer nur Hunger und Kosacken,
Ja der Russ'
Hat uns gezeigt, wie man's machen muß.

Hin ist der Blitz
Deiner Sonne von Austerlitz,
Unterm Schnee
Liegen all deine Corps d'Armee.

Warte
Bonaparte,
Warte Kujon,
Andre Woche, wir kriegen dich schon.

## An den Märzminister Graf Schwerin-Putzar

Dein Ahnherr — mit dem Schwerte,
Du selber — mit dem Wort!
So lebt das Ruhmeswerte
Bis auf den Enkel fort.
Was einst in letzter Stunde
Der greise Feldmarschall sprach,
Auf's neu aus deinem Munde
Erklang es uns: „Mir nach!"

Du stehst in Lieb' und Treue
Zu Thron und Herrscherhaus,
Und baust doch für das Neue
Die alten Pfeiler aus.
Nicht trägst du der Verneinung
Im Kampfe die Fahne vor,
Doch für die freie Meinung
Schwingst du sie hoch empor.

Du bist von jenen Alten
Im Geiste noch gezeugt,
Die keinem Stirnefalten
Jemalen sich gebeugt.
Du sprichst noch wie der Zieten
Sonst wohl bei Hofe sprach,
Was dem die Schranzen rieten,
Er fragte nichts danach.

Der Zieten, ja, beim Fürsten
Zu Tafel saß er gern,
Einst aber andres Dürsten
Trieb ihn zum Tisch des Herrn;

Erst als er da genossen
Von Christi heil'gem Mahl,
Ernst noch und abgeschlossen
Trat er in Schloß und Saal.

Der König sieht den Degen,
Und wie so fromm er schaut;
Da ruft er ihm entgegen:
„He, Zieten, schon verdaut?!"
Der hört es; unter Blitzen
Blickt er den König an,
Daß selbst das Aug' des Fritzen
Nicht Stich ihm halten kann.

Dann laut: „Für Euch in Nächten
Geblutet hab' ich gern,
Nun will ich auch mal fechten
Für Christum, meinen Herrn!"
Wohl stutzet da und staunet
Das höfische Geschlecht,
Der König aber raunet:
„Still, Zieten, Er hat recht!"

So war's und — ist's geblieben
Durch ein Jahrhundert fort:
Die Hohenzollern lieben
Ein freies Manneswort.
Auch du, für heil'ge Rechte
Ficht weiter, sonder Scheu:
Treulos sind alle Knechte,
Der Freie nur ist treu!

## Schleswigs Ostertag 1848

Ich denke deiner, Ostertag:
Ein Nebel über Schleswig lag,

Über Schleswig-Stadt, über Schleswig-Land —
Der Däne hielt uns wieder in Hand,
Er hielt Schloß Gottorp, er hielt die Schlei,
Unser kurzer Traum war wieder vorbei;
Ein Nebel über Schleswig lag,
Achtundvierzig, am Ostertag.

Und über die Stadt und über den Strom,
Die Glocken riefen in den Dom,
Und ehe das erste Lied erscholl,
Von Betern war die Kirche voll,
Betende Männer, betende Frau'n
In schwarzem Festkleid alle zu schau'n,
Dazwischen aber (bittre Not)
Leuchtende Punkte von Dänisch-rot.

Und bis an die Kanzel traten wir hin,
Zwischen Hoffen und Bangen ging unser Sinn,
Von Auferstehung der Geistliche sprach,
Wir hingen seinen Worten nach,
Seinem Wort von dem abgewälzten Stein,
Wir mischten viel Weltliches mit ein,
Wenn's Sünde war, es war nicht gewollt; — —
Horch, es donnert! wie dumpf es rollt.

Ein Ostergewitter? Es kann nicht sein,
Durch die hohen Fenster fällt Sonnenschein,
Er fällt, wie suchend, gedämpft und mild
Auf das eichengeschnitzte Altarbild,
Auf die zwanzigfeldrige breite Wand
Von Meister Brüggemanns eigener Hand,
Der Felder eines schwimmt wie in Gold — —
Horch, zum zweiten, es donnert, es rollt.

Es rollt wie näher, die Fenster klirrn,
Aller Blicke hinüber, herüber irrn,
Es fragen die Augen bei Freund und Feind,
Ein Flüstern geht leise: „Was ist gemeint?"
Und ehe noch flüsternd die Antwort geht,
Vom Eingang her ein Zugwind weht,
Weit offen die Tür; was gibt's, was ist?
In das Mittelschiff tritt ein dän'scher Hornist,
Und in die Kirche hinein, vom Portal,
Bläst er Generalmarsch, Signal auf Signal.

Ein Rasseln, ein Lärmen. Still wieder das Haus,
Die roten Punkte loschen aus:
Was deutsch in Schleswig wollte sein,
War wieder in Schleswigs Dom allein.
Und wie Hilfe suchend und Trost und Ruh
Den Stufen des Altars drängten wir zu,
Dicht zu; der Geistliche aber spricht:
„Herr, du bist unsre Zuversicht!
Da ist kein Jäger, der uns schreckt,
Solange uns dein Fittich deckt,
Ob tausend fallen an unsrer Seit',
Du bist unser Schirm in jedem Streit,
Du stellst deinen Engel an unsre Tür,
Uns zu behüten für und für,
Wir rufen deinen Namen an,
Hilf uns, wie du so oft getan,
Zersplittre unsrer Feinde Spott,
Du bist unsre Burg, du bist unser Gott,
Blende die Wächter, wälz ab den Stein!" —
Er schwieg. Wie Trommeln klang es herein,
Lustiger preußischer Trommelschlag:
Heller Mittag über Schleswig lag,
Heller Mittag über Schloß und Schlei —
Ostern war, und das Land war frei.

## Der Tag von Düppel

Still!
Vom achtzehnten April
Ein Lied ich singen will.
Vom achtzehnten — alle Wetter ja,
Das gab mal wieder ein Gloria!
Ein „achtzehnter“ war es, voll und ganz,
Wie bei Fehrbellin und Belle-Alliance,
April oder Juni ist all einerlei,
Ein Sieg fällt immer in Monat Mai.

Um vier Uhr morgens der Donner begann!
In den Gräben standen sechstausend Mann,
Und über sie hin sechs Stunden lang
Nahmen die Kugeln ihren Gang.
Da war es zehn Uhr. Nun alles still,
Durch die Reihen ging es: „Wie Gott will“,
Und vorgebeugt zu Sturm und Stoß
Brach das preußische Wetter los.

Sechs Kolonnen. Ist das ein Tritt!
Der Sturmmarsch flügelt ihren Schritt;
Der Sturmmarsch, — ja tief in den Trancheen
Dreihundert Spielleut' im Schlamme stehn.
Eine Kugel schlägt ein, der Schlamm spritzt um,
Alle Dreihundert werden stumm, —
„Vorwärts“ donnert der Dirigent,
Kapellmeister Piefke vom Leibregiment.

Und „vorwärts“ spielt die Musika
Und „vorwärts“ klingt der Preußen Hurra;
Sie fliegen über die Ebene hin,
Wer sich besänne, hätt's nicht Gewinn;

Sie springen, sie klettern, ihr Schritt wird Lauf —
Feldwebel Probst, er ist hinauf!

Er steht, der Erst' auf dem Schanzenrück,
Eine Kugel bricht ihm den Arm in Stück:
Er nimmt die Fahn' in die linke Hand
Und stößt sie fest in Kies und Sand.
Da trifft's ihn zum Zweiten; er wankt, er fällt:
„Leb wohl, o Braut, leb wohl, o Welt!"

Rache! — Sie haben sich festgesetzt,
Der Däne wehrt sich bis zuletzt.
Das macht, hier ficht ein junger Leu,
Herr Leutnant Anker von Schanze zwei.
Da donnert's: „Ergib dich, tapfres Blut,
Ich heiße Schneider, und damit gut!"
Der preußische Schneider, meiner Treu,
Brach den Dänischen Anker entzwei.

Und weiter, — die Schanze hinein, hinaus
Weht der Sturm mit Saus und Braus,
Die Stürmer von andern Schanzen her
Schließen sich an, immer mehr, immer mehr,
Sie fallen tot, sie fallen wund, —
Ein Häuflein steht am Alsen-Sund.

Pallisaden starren die Stürmenden an,
Sie stutzen; wer ist der rechte Mann?
Da springt von achten einer vor:
„Ich heiße Klinke, ich öffne das Tor!"
Und er reißt von der Schulter den Pulversack,
Schwamm drauf, als wär's ein Pfeif' Tabak.
Ein Blitz, ein Krach — der Weg ist frei —
Gott seiner Seele gnädig sei!
Solchen Klinken für und für
Öffnet Gott selber die Himmelstür.

Sieg donnert's. Weinend die Sieger stehn.
Da steigt es herauf aus dem Schlamm der
Trancheen,
Dreihundert sind es, dreihundert Mann,
Wer anders als Piefke führet sie an?
Sie spielen und blasen, das ist eine Lust,
Mitjubeln die nächsten aus voller Brust.
Und das ganze Heer, es stimmt mit ein,
Und darüber Lerchen und Sonnenschein.

Von Schanze eins bis Schanze sechs
Ist alles deine, Wilhelmus Rex;
Von Schanze eins bis Schanze zehn,
König Wilhelm, deine Banner wehn.
Grüß euch, ihr Schanzen am Alsener Sund,
Ihr machtet das Herz uns wieder gesund! —
Und durch die Lande, drauß und daheim,
Fliegt wieder hin ein süßer Reim:
„Die Preußen sind die alten noch,
Du Tag von Düppel lebe hoch!"

## Siegesbotschaft

(Am Abend des 18. April 1864)

Tanz
Ist heut im Kruge zu Vehlefanz.
Oben, auf rotgestrichner Empore,
Sitzt die Musik in vollem Chore:
Klarinette, Geigen, Kontrebaß
Und vor jedem ein Pult und ein Weißbierglas.
Und unten drehn sich, in Schottschem und Walzer,
Die Paare, dazwischen ein Juchzer, ein Schnalzer,
Und Zug und Hitze und blakende Lichter,
Am Fenster neugierige Kindergesichter,

Ein Rempeln und Rennen, ein Stoßen und Stemmen,
Und mit eins: „Da kommt ja der Neumann aus
Kremmen . . .
Der Laatsche-Neumann. Was will denn der?
Laatsche-Neumann, hierher, hierher,
Er bringt was, stillgestanden, stramm,
Ich wett', er bringt ein Telegramm."
Und Neumann, plötzlich steht er oben,
Sie haben ihn auf den Tisch gehoben.

„Lesen . ."
„Muß erst zu Puste kommen . . ."
„Lesen . . ."
„Düppel ist genommen;
Wir Schanze fünf, Garde Schanze sieben,
Feldwebel Probst beim Sturme geblieben.
Verluste wenig. Danske viel . . ."
Alles sich in die Arme fiel,
Und zu wissen, wie's eigentlich gewesen,
Muß Neumann es immer wieder lesen.

Dem aber will es nicht mehr zu Sinn.
„Vehlefanzer, wo denkt ihr hin,
Habe noch andre gute Bekannte . . ."

„Welche denn, welche?"
„Muß noch nach Schwante."

„Schwante, die lumpigen tausend Schritt,
Hurra, Neumann, da kommen wir mit."
Und hinein in die laue Frühlingsnacht
Ganz Vehlefanz hat sich aufgemacht.
Neumann laatscht nach.

Schwante lag schon in Schlaf;
Als aber die Siegesbotschaft es traf,
Ward's wach.

Der Mond am Himmel stand,
Und in Jubel stand das Havelland.

## Am Jahrestag von Düppel

(18. April 1865)

Des Frühlings erste Spitzen
Umsäumen Baum und Strauch,
Im Blau die Wolken blitzen,
Die Ströme blitzen auch,
Ein Keimen allenthalben
In jedem Mauerriß,
Und kommen nicht heute die Schwalben,
So kommen sie morgen gewiß.

Und Frühling kam und Friede
Auch über den Schleswig-Strand,
Wo donnernd die Feuerschmiede
Am Düppeltage stand;
Und wo bei Blitz und Wolke
Erzitterte der Grund,
Ziehn Möwen in flatterndem Volke
Hin über den Alsen-Sund.

Ein Friede über den Wellen
Und Friede in Feld und Flur;
Unter all den stillen Stellen
Ist eine stillere nur:
Bei Sturmmarsch-Trommeln und -Blasen,
Mußten sie schlafen ein,
Nun grünt der erste Rasen
Über ihren Stein.

Ruht sanft! in eurem Grabe
Sei euch die Erde leicht!
Des Lebens beste Habe
Hat euch der Tod gereicht:
Um Sieg und Himmel werben,
So war es euch beschert;
Ihr mußtet frühe sterben,
Doch war es Sterbens wert.

## Einzug

(7. Dezember 1864)

Wer kommt? wer? —
Fünf Regimenter von Düppel her.
Fünf Regimenter vom dritten Corps
Rücken durchs Brandenburger Tor;
Prinz Friedrich Karl, Wrangel, Manstein,
General Roeder, General Canstein,
Fünf Regimenter, vom Sundewitt
Rücken sie an in Schritt und Tritt.

Wer kommt? wer? —
Zuerst die Achter. A la bonne heure!
Die Achter; Hut ab, Sapperment,
Vor dem Yorckschen Leibregiment;
Schanze Neun und Schanze Drei
Waren keine Spielerei.
Hut ab und Hurra ohne End,
Allemal hoch das Leibregiment.

Wer kommt? wer? —
Hurra, die Vierundzwanziger.
Guten Tag, guten Tag und gehorsamster Diener!
Ei, das sind ja meine Ruppiner;
Flinke Kerle, ohne Flattusen,
Grüß Gott dich, Görschen und Brockhusen! —

Möchte manchen von euch umhalsen,
Düppel war gut, besser war Alsen, —
's war keine Kunst, euch half ja die Fee,
Die Wasserfee vom Ruppiner See.

Wer kommt? wer? —
Hurra, die Vierundsechziger.
Hurra, die sind wieder breiter und stärker,
Das macht, es sind richtige Uckermärker,
Die sind schon mehr für Kolbe und Knüppel,
Conferatur Wester- und Oster-Düppel
Verstehen sich übrigens auch auf Gewehre,
Siehe Fohlenkoppel und Arnkiel-Oere.
Fünfzig dänische Feuerschlünde
Können nichts gegen Prenzlau und Angermünde.

Wer kommt? wer? —
Füsiliere, Fünfunddreißiger,
Hurra, das wirbelt und schreitet geschwinder,
Hurra, das sind Berliner Kinder!
Jeder, als ob er ein Gärtner wäre,
Trägt drei Sträußer auf seinem Gewehre.
Gärtner freilich, gegraben, geschanzt,
Dann sich selber eingepflanzt,
Eingepflanzt auf Schanze zwei —
Die flinken Berliner sind vorbei.

Wer kommt? wer? —
Hurra, unsre Sechziger.
Oberst von Hartmann, fest im Sitze,
Grüßt mit seiner Säbelspitze.
Hut ab und heraus die Tücher!
Das sind unsere Oderbrücher.
Keine Knattrer und bloße Verschluser,
Lauter Barnimer und Lebuser;
Fest ihr Tritt, frank und frei —
Major von Jena ist nicht mehr dabei.

Wer kommt? wer? —
Artillerie und Ingenieur';
Elfte Ulanen, Zieten-Husaren,
Paukenwirbel und Fanfaren.
Halt! Der ganze Waffenblitz
Präsentiert vor König Fritz.
Alles still, kein Pferdegeschnauf,
Zehntausend blicken zu ihm auf;
Der neigt sich leise und lüpft den Hut:
„Konzediere, es war gut."

## Berliner Landwehr bei Langensalza

(27. Juni 1866)

Berliner Landwehr, Gewehr in Hand,
Steht bei Langensalza im Sonnenbrand,
Ein Staub, eine Hitze, es perlt der Schweiß —
Berliner Landwehr, wird dir's zu heiß?
„Is nich!"

Die Hannoveraner sprengen heran,
Zweitausend gegen achthundert Mann,
Zweitausend Reiter sprengen her:
Ergib dich, Landwehr, streck das Gewehr!
„Is nich!"

Zweitausend Reiter haben gesiegt —
Was hilft's, Hannover unterliegt.
„Trink mit, Kamerad, aus meinem Glas!"
„Wir dachten, ihr trügt uns einen Haß!"
„Is nich!"

# Die Gardemusik bei Chlum

(3. Juli 1866)

„Was fechten kann, rückt vor auf Chlum,
Unsre Garde dürstet nach neuem Ruhm,
Sie zieht voran und stürmt und ficht —
Wir schleichen nach, 's gefällt mir nicht,
Musik ist nie so recht dabei,
Wenig Wolle und viel Geschrei.“

Kapellmeister spricht's. Da blitzt es drunt'
Aus staubiger Wolke, golden und bunt.
„Ungrische Husaren, wenn recht ich seh';
Ihr Choc gilt uns. Kameraden: Carré.“

Carré. Da springen, ohn' Unterschied,
All die großen Bläser ins erste Glied,
Janitschar und Pauke schließen sich an,
Obo, Klarinette, Mann für Mann,
Fagott und Tuba, — mehr, immer mehr,
Und nun Kommando: „Fällt das Gewehr“,
Und die Baß-Posaune, voll kriegrischem Zorn,
Streckt ihre Züge weithin nach vorn.

Zu rechter Zeit. Denn schon sind sie da.
„Ergib dich, preußische Musika.“
Kapellmeister aber winkt ab und spricht:
„Die Garde-Musik ergibt sich nicht.“
Und keiner wankt und keiner weicht,
Posaun' und Tuba, die zwingt man nicht leicht,
Auch die Pauke hält sich wie ein Turm,
Und siehe, vorüber braust der Sturm.

Da hebt sich unsres Kapellmeisters Brust:
„Wer ist gefall'n? Wie steht der Verlust?“

„Gefallen keiner; leicht zerhaun
Sind Pauke, Tuba und Posaun',
Gestreift, geschrammt bloß, sonst intakt,
Und nur das Fagott ist wie zerhackt!"

„Drei leicht, einer schwer, der Rest gesund —
Das laßt uns preisen zu dieser Stund',
Und fehlt uns auch unser brav Fagott,
Wir blasen doch: Danket alle Gott!
Und blasen es durch und blasen es ganz,
Und zum Schlusse: Heil dir im Siegerkranz!"

## Einzug

(20. September 1866)

Viktoria hat heute Dienst am Tor;
„Landwehr, zeig' deine Karte vor,
Paßkart' oder Steuerschein,
Eins von beiden muß es sein."

„„Alles in Ordnung. Jedenfalls
Zahlten wir Steuer bei Langensalz,
Wir zahlten die Steuer mit Blut und Schweiß"";—

„Landwehr passier', ich weiß, ich weiß."

Viktoria hat heute Dienst am Tor;
„Linie, zeig deine Karte vor,
Paßkart' oder Steuerschein;
Ein Paß, das wird das Beste sein."

„„Wir haben Pässe die Hände voll,
Zuerst den Brückenpaß bei Podoll,
Dann Felsenpässe aus West und Ost:
Nachod, Skalitz und Podkost,

Und wenn die Felsenpässe nicht ziehn,
So nimm noch den Doppelpaß von Gitschin,
Sind allesamt geschrieben mit Blut; —""

„Linie passier', is gut, is gut."

Viktoria hat heute Dienst am Tor:
„Garde, zeig deine Karte vor,
Preußische Garde, willkommen am Ort,
Aber erst das Losungswort."

„„Wir bringen gute Losung heim
Und als Parole 'nen neuen Reim,
Einen neuen preußischen Reim auf Ruhm.""

„Nenn ihn, Garde!"
„„Die Höhe von Chlum.""

„Ein guter Reim, ich salutier',
Preußische Garde passier', passier'."

Glocken läuten, Fahnen wehn,
Die Sieger drinnen am Tore stehn,
Eine Siegesgasse ist aufgemacht:
Östreich'sche Kanonen zweihundertundacht,
Und durch die Gasse die Sieger ziehn. —
Das war der Einzug in Berlin.

## Einzug

(16. Juni 1871)

Und siehe da, zum dritten Mal
Ziehen sie ein durch das große Portal;
Der Kaiser vorauf, die Sonne scheint,
Alles lacht und alles weint.

Erst die Garde. Brigaden vier,
Garde und Garde-Grenadier':
Elisabether, Alexandriner,
Franziskaner, Augustiner,
Sie nahmen, noch nicht zufrieden mit Chlum,
Bei Privat ein Privatissimum.
— Mit ihnen kommen, geschlossen, gekoppelt,
Die Säbel in Händen, den Ruhm gedoppelt,
Die hellblauen Reiter von Mars la Tour,
Aber an Zahl die Hälfte nur.

Garde vorüber. — Garde tritt an:
Regiment des Kaisers, Mann an Mann,
Die Siebner, die Phalanx jedes Gefechts,
„Kein Schuß; Gewehr zur Attacke rechts."
Die Sieben ist eine besondere Zahl,
Dem einen zur Lust, dem andern zur Qual;
Was von den Turkos noch übrig geblieben
Spricht wohl von einer bösen Sieben.

Blumen fliegen aus jedem Haus,
Der Himmel strömt lachende Lichter aus,
Und der Lichtball selber lächelt in Wonne:
„Es gibt doch noch Neues unter der Sonne."

Gewiß. Eben jetzt einschwenkt in das Tor,
Keine Linie zurück, keine Linie vor,
Ein Bataillon, frisch wie der Lenz,
Die ganze Armee in Double-Essenz.
Ein Corps bedeutet jeder Zug,
Das ist kein Schreiten, das ist wie Flug;
Das macht, weil ihnen ungesehn
Dreihundert Fahnen zu Häupten wehn.

Bunt gewürfelt Preußen, Hessen,
Bayern und Baden nicht zu vergessen,
Sachsen, Schwaben, Jäger, Schützen,
Pickelhauben und Helme und Mützen,
Das Eiserne Kreuz ihre einzige Zier;
Alles zerschossen — ihr ganzes Prahlen
Nur ein Wettstreit in den Zahlen,
In den Zahlen derer, die nicht hier.

Zum dritten Mal
Ziehen sie ein durch das große Portal;
Die Linden hinauf erdröhnt ihr Schritt,
Preußen-Deutschland fühlt ihn mit.

Hunderttausende auf den Zehenspitzen!
Vorüber, wo Einarm und Stelzfuß sitzen,
Jedem Stelzfuß bis in sein Bein von Holz
Fährt der alte Schlachtenstolz.
Halt
Vor des großen Königs ernster Gestalt!

Bei dem Fritzen-Denkmal stehen sie wieder,
Sie blicken hinauf, der Alte blickt nieder;
Er neigt sich leise über den Bug:
„Bon soir, Messieurs, nun ist es genug."

## Kaiser Blanchebart

(Am 16. Juni 1871)

Vor seinem Heergefolge ritt,
Von seinem Volk umschart,
Inmitten von Helden und Prinzen,
An der Spitze seiner Provinzen,
Der Kaiser Blanchebart.

Er grüßt und sitzt auf hohem Roß
Und sinnet das und dies:
Er hält am Sadowa-Walde,
Auf der Gravelotter Halde
Und vor Sedan und Paris.

Er lächelt still; ihm ward zu Traum
Die lange Kriegesfahrt,
Es schaukeln und schwanken die Reiser,
Und rings jubelt's: es lebe der Kaiser,
Der Kaiser Blanchebart.

Und an der Straß' und an dem Tor,
Da halten Frau und Mann,
Und sie heben empor ihren Knaben,
Den einzigen, den sie haben,
Und sprechen: „Sieh' ihn dir an!

„Sieh ihn dir an und vergiß ihn nicht,
Der ist von sondrer Art,
Im Dienst allzeit das Schwerste,
Und in Feld und Pflicht der Erste,
Das ist Kaiser Blanchebart."

Der Kaiser sah den Knaben an,
Den überlief es heiß,
Alle Herzen sprachen Segen,
Und hernieder fiel ein Regen
Von Blüten rot und weiß.

Gott mit dir, Herr, und kommt der Tag,
Der noch keinem wurde gespart,
Dann wie aus Märchentagen
Werden wir singen und sagen
Vom Kaiser Blanchebart.

# Kaiser Friedrich III.

## 1. Letzte Fahrt

(6. Juni 1888)

„Ich sähe wohl gern (er sprach es stumm)
Noch einmal die Plätze hier herum,
Am liebsten auf Alt-Geltow zu, —
Und ihr kommt mit, die Kinder und du."

Das Dorf, es lag im Sonnenschein,
In die stille Kirche tritt er ein,
Die Wände weiß, die Fenster blank,
Zu beiden Seiten nur Bank an Bank,
Und auf der letzten — er blickt empor
Auf Orgel und auf Orgelchor,
Und wendet sich und spricht: „Wie gern
Vernähm' ich noch einmal ‚Lobe den Herrn';
Den Lehrer im Feld, ich mag ihn nicht stören,
Vicky, laß du das Lied mich hören."

Und durch die Kirche, klein und kahl,
Als sprächen die Himmel, erbraust der Choral,
Und wie die Töne sein Herz bewegen,
Eine Lichtgestalt tritt ihm entgegen,
Eine Lichtgestalt, an den Händen beiden
Erkennt er die Male: „Dein Los war leiden.
Du lerntest dulden und entsagen,
Drum sollst du die Krone des Lebens tragen.
Du siegtest, nichts soll dich fürder beschweren:
Lobe den mächtigen König der Ehren . ."
Die Hände gefaltet, den Kopf geneigt,
So lauscht er der Stimme.
Die Orgel schweigt.

## 2. Letzte Begegnung

(14. Juni 1888)

König Oskar, vom Mälar kommt er daher,
Fährt über den Sund, fährt über das Meer,
Nun sieht er die Küste: Deutsches Land,
Heide, Kiefer, märkischen Sand,
Und nun Avenuen und Schloß und Alleen —
Er kommt, um den sterbenden Kaiser zu sehn.

Dem melden sie's. „König Oskar ist da."
Kaiser Friedrich wie suchend um sich sah,
Ein leuchtend Bildnis hängt an der Wand,
Sein Bildnis von Angelis Meisterhand,
Orangeband, Orden, Helmbuschzier,
Pasewalker Kürassier,
Er blickt drauf hin, und den Blick sie verstehn:
„So soll mich König Oskar sehn."

Und sie legen ihm Koller und Küraß an,
Aufrecht noch einmal der sterbende Mann,
Aufrecht und hager und todesfahl.
König Oskar tritt in den Marmorsaal —
Sprechen will er, er kann es nicht,
Ein Tränenstrom seinem Aug' entbricht.
Da steht sein Freund in des Jammers Joch,
Gebrochen und doch ein Kaiser noch:
Den Pallasch zur Seite, den Helm in Hand,
Kaiser Friedrich vor König Oskar stand.

„Bild einst von Größe, Schönheit, Glück,
Das ist das letzte, das blieb zurück."
Stumm neigt sich der König, und noch einmal,
Und nun zum dritten und — läßt den Saal.

## 3. Grabschrift

Du kamst nur, um dein heilig Amt zu schaun,
Du fand'st nicht Zeit zu bilden und zu baun,
Nicht Zeit, der Zeit den Stempel aufzudrücken,
Du fand'st nur eben Zeit noch, zu beglücken,
Du sahst dein Reich, und ließ'st es deinem Erben,
Du fand'st nur Zeit, um wie ein Held zu sterben.

## 4. Ré Umbertos Kranz

„. . Im alten Dom zu Monza ruht die Krone,
Die eiserne. Die trug er. Doch zu Monza
Blüht auch des Lorbeers viel in meinen Gärten.
Pflückt von dem Lorbeer, und vom dunkelschönsten
Schlingt einen Kranz, — der Kranz soll mich
begleiten
Bis hin zur Ruhstätt' meines Martyrfreundes,
Bis in die Friedenskirche.
Siegeslorbeer,
Nicht Friedenspalmen will ich niederlegen
Auf seinen Sarg. Wozu noch Friedenspalmen?
Er hat, was er ersehnt — er hat den Frieden."

## Jung-Bismarck

(In Begleitung eines Bildes, das ihn in seinem 19. Jahre darstellt)

In Lockenfülle das blonde Haar,
Allzeit im Sattel und neunzehn Jahr,
Im Fluge weltein und nie zurück —
Wer ist der Reiter nach dem Glück?
Jung-Bismarck.

Was ist das Glück? Ist's Gold, ist's Ehr',
Ist's Ruhm, ist's Liebe? Das Glück ist mehr,
Noch liegt es im Dämmer, erkennbar kaum,
Aber er sieht es in seinem Traum,
Jung-Bismarck.

Er sieht es im Traume. Was ist, das er sah?
Am Brunnen sitzt Germania,
Zween Eimer wechseln, der eine fällt,
Der andre steigt; wer ist's, der ihn hält?
Jung-Bismarck.

Und neue Bilder: ein Schloß, ein Saal,
Was nicht blitzt von Golde, das blitzt von Stahl,
Einer dem Barbarossa gleicht —,
Wer ist es, der die Krone ihm reicht?
Jung-Bismarck.

Was ist das Glück? Ist's Gold, ist's Ehr',
Ist's Ruhm, ist's Liebe? Das Glück ist mehr:
„Leben und Sterben dem Vaterland" —
Gott segne fürder deine Hand,
Jung-Bismarck.

## Wo Bismarck liegen soll

(Geschrieben am 31. Juli 1898)

Nicht in Dom oder Fürstengruft,
Er ruh' in Gottes freier Luft
Draußen auf Berg und Halde,
Noch besser: tief, tief im Walde;
Widukind lädt ihn zu sich ein:
„Ein Sachse war er, drum ist er mein,
Im Sachsenwald soll er begraben sein."

Der Leib zerfällt, der Stein zerfällt,
Aber der Sachsenwald, der hält;
Und kommen nach dreitausend Jahren
Fremde hier des Weges gefahren
Und sehen, geborgen vorm Licht der Sonnen,
Den Waldgrund in Efeu tief eingesponnen
Und staunen der Schönheit und jauchzen froh,
So gebietet einer: „Lärmt nicht so! —
Hier unten liegt Bismarck irgendwo."

## Auf der Treppe von Sanssouci
### 7./8. Dezember 1885
(Zu Menzels 70. Geburtstag)

Von Marly kommend und der Friedenskirche,
Hin am Bassin (es plätscherte kein Springstrahl)
Stieg ich treppan; die Sterne blinkten, blitzten,
Und auf den Stufenaufbau der Terrasse
Warf Baum und Strauchwerk seine dünnen Schatten,
Durchsichtige, wie Schatten nur von Schatten.
Rings tiefe Stille, selbst der Wache Schritt
Blieb lautlos auf dem überreiften Boden,
Und nur von rechts her, von der Stadt herüber,
Erscholl das Glockenspiel.
Nun schwieg auch das,
Und als mein Auge, das auf kurze Weile
Dem Ohr gefolgt war, wieder vorwärts blickte,
Trat aus dem Buschwerk, und ich schrak zusammen,
Er selbst, im Frackrock, hinter ihm das Windspiel,
(Biche, wenn nicht alles täuschte) dazu Krückstock
Und Hut und Stern. Bei Gott, es war der König.

Was tun? Ich dacht an Umkehr; doch sein Auge,
Das Fritzen-Auge bannte mich zur Stelle;
So hielt ich denn und machte Front.

„Wie heißt Er?"
Ich stotterte was hin.
„Und sein Metier?"
„Schriftsteller, Majestät. Ich mache Verse!"
Der König lächelte: „Nun hör' Er, Herr,
Ich will's Ihm glauben; keiner ist der Tor,
Sich dieses Zeichens ohne Not zu rühmen,
Dergleichen sagt nur, wer es sagen muß,
Der Spott ist sicher, zweifelhaft das andre.
Poete allemand! Ja, ja, Berlin wird Weltstadt.
Nun aber sag' Er mir, ich les' da täglich
(Verzeih' Er, aber Federvieh und Borste
Wohnt auf demselben Hof und hält Gemeinschaft),
Ich les' da täglich jetzt in den Gazetten
Von Menzelfest und siebzigstem Geburtstag,
Ausstellung von Tableaux und von Peintüren
Und ähnlichem. Ein großer Lärm. Eh bien, Herr,
Was soll das? Kennt Er Menzel? Wer ist Menzel?"

Und dabei flog ein Zug um seinen Mund,
Als wiss' er selber Antwort auf die Frage.

„Zu Gnaden Majestät," begann ich zögernd,
„Die Frag' ist schwer, das ist ein Doktorthema;
Mein Wissen reicht bis Pierer nur und Brockhaus.
Ja, wer ist Menzel? Menzel ist sehr vieles,
Um nicht zu sagen alles; mind'stens ist er
Die ganze Arche Noäh, Tier und Menschen:
Putthühner, Gänse, Papagei'n und Enten,
Schwerin und Seydlitz, Leopold von Dessau,
Der alte Zieten, Ammen, Schlosserjungen,
Kathol'sche Kirchen, italien'sche Plätze,
Schuhschnallen, Bronzen, Walz- und Eisenwerke,
Stadträte mit und ohne goldne Kette,
Minister, mißgestimmt in Kaschmirhosen,

Straußfedern, Hofball, Hummer-Majonnaise,
Der Kaiser, Moltke, Gräfin Hacke, Bismarck . . ."
„Outrir' Er nicht."
„Ich spreche nur die Wahrheit.
Bescheidne Wahrheit nur. Er durchstudierte
Die groß' und kleine Welt; was kreucht und fleucht,
Er gibt es uns im Spiegelbilde wieder.
Am liebsten aber (und mir schwoll der Kamm,
Ich war im Gang, ‚jetzt oder niemals' dacht' ich)
Am liebsten aber gibt die Welt er wieder,
Die Fritzen-Welt, auf der wir just hier stehn!
Im Rundsaal, vom Plafond her, strahlt der Lustre,
Siebartig golden blinkt der Stühle Flechtwerk,
Biche („komm, mein Biche'chen") streift die Tisch-
tuch-Ecke,
Champagner perlt und auf der Meißner Schale
Liegt, schon zerpflückt, die Pontac-Apfelsine . . ."

„Nun laß Er nur. Ich weiß schon."
Und er lüpfte
Den Hut und ging. Doch sieh, nur wenig Schritte
So hielt er wieder, wandte sich und winkte
Mich an die Seit' ihm. „Hör Er, Herr; ein Wort noch
Er hat bestanden; so lala. Denn wiss' Er,
Ich kenne Menzel wie mich selbst und wär' ihm
Erkenntlich gern. Emaille-Uhr? Tabatiere?
Vielleicht ein Solitaire? Was macht ihm Spaß
wohl?"

„Ach, Majestät, was soll ihm Freude machen?
Er hat vollauf von Gütern dieser Erde,
Hat Ansehn, Ehre, Titel, Ordenskreuze
(Pour le mérite, natürlich Friedensklasse),
Hat Freunde, Mut und Glück, und was die Hauptsach,
Hat seine Kunst . . ."

„Und fehlt ihm nichts?"

„Kein gar nichts."

„Na, das ist brav. Comme Philosophe! Das lob ich
Und will nicht stören. Aber eines sagt ihm:
Ich lüd ihn ein (er mag die Zeit bestimmen,
Ein Jahrer zehne will ich gern noch warten),
Ich lüd ihn ein nach Sanssouci; sie nennen's
Elysium droben, doch es ist dasselbe.
Dort findt er alte Freunde: Genral Stille,
Graf Rotenburg, die ganze Tafelrunde,
Nur Herr von Voltaire fehlt seit Anno 70;
Franzose, rapplig. Dieser Platz ist frei.
Den reservier' ich ihm. Bestell' Er's. Hört Er?
Ich bin Sein gnäd'ger König. Serviteur!"

## Unter ein Bildnis Adolf Menzels

Gaben, wer hätte sie nicht? Talente — Spielzeug für Kinder.
Erst der Ernst macht den Mann, erst der Fleiß das Genie.

## Hoffest

Erst kommt der Zar, der Herr aller Reußen,
Dann kommt das offizielle Preußen.

Im Weißen Saal, unter der Gittervergildung,
Eben beginnt die Gruppenbildung:
Geheimräte, nach Regel und Normen,
In Fracks, in Orden, in Staatsuniformen.

Deinem besten Freunde, so rat ich dir gern,
An solchem Tage bleib' ihm fern,
Er kennt dich, ach, und kennt dich nicht,
Ein eignes Lächeln umschwebt sein Gesicht,
Serên und ernst und verlegen zugleich,
Heut ist er Preußen, heut ist er das Reich.

Deinem besten Freunde, so rat ich dir gern,
An solchem Tage bleib' ihm fern,
Er stellt dich vor, doch du wirst's nicht froh,
Alles spöttisch und nur so so:
„Sie kennen ja unsren berühmten Sänger,"
Alle Gesichter werden länger.

So geht es weiter, dir wenig nach Wunsch,
Bis er endlich kommt — der Fastnachtspunsch,
Pfannkuchen und Punsch, und sieh, im Gemüte,
Blüht wieder auf die Menschenblüte,
Gemeinschaftlich und fidel und munter
Geht's schließlich die Wendeltreppe hinunter,
Und unten heißt's wie vor dreißig Jahren:
„Willst du nicht mit mir nach Hause fahren?"

## Die Geschichte vom kleinen Ei

Die Gräfin und ihr fünfzehnjähriger Sohn,
Auch zwei Komtessen, halb erwachsen schon,
Sie sollen fort, bis Capri, bis Sorrent,

Und wenn zu heiß es dann vom Himmel brennt,
Dann rasch zurück nach Schweiz und Interlaken,
Denn mit poor Alfred hat es einen Haken:
Er hustet, — und so viel hängt an dem Jungen,
Und wenn's das Herz nicht ist, so sind's die Lungen.

Anfährt die Kutsche. Vor dem Erdgeschoß
Stehn sieben Koffer, — einer ein Koloß,
Und was von Hausgesind' das Schloß umfängt,
Es hat voll Eifer sich herangedrängt.
Ein alter Diener (Erbstück) in Gamaschen
Bringt immer neue Plaids und Reisetaschen;
Die Kammerjungfer schluchzt, der Kandidat
Gibt für Verona seinen Reiserat,
Und mahnt ein wenig schelmisch die Komtessen
Das „Grab der Julia" ja nicht zu vergessen;
Ernst aber steht am Schlag der alte Graf, —
Ob ihn der Abschied allzu schmerzlich traf?
Er hält nicht viel von Bahn- und Gasthofstreiben,
Ich glaube fast, ihm paßt's zu Haus zu bleiben;
Daneben aber tut er, was er muß:
Er spart nicht Händedruck, nicht Abschiedskuß,
Klappt in die Höh der Kutsche Lederdach,
„A reviderci!" ruft er ihnen nach —
Er hatte sich sprachlustig mitbeschäftigt,
Als sich die Damen für Sorrent gekräftigt.

Nun sind sie fort. Im Vorflur ist es warm,
Der Graf ergreift des Kandidaten Arm
Und sagt, im heitren Auf- und Niederschreiten:
„Ja, lieber Porst, nun kommen schlimme Zeiten.
Der Doktor hat von Ende Herbst gesprochen,
Das gibt für Sie sehr lange Ferienwochen,
Vielleicht zu lang; ich muß im Reichstag sein,
Dann sitzen Sie hier mutterwind allein;
Ich weiß nicht, ob Stillsitzen Ihnen paßt,

Dreivierteljahr, die Länge hat die Last;
Ich für mein Teil, ich hätte nichts dagegen,
Wenn Sie sich ausruhn woll'n und etwas pflegen,
Vielleicht zu Haus, in Vaters Försterei
Mit Stadt- und Kloster-Lindow dicht dabei."

„Verzeihn, Herr Graf, indessen, steht's bei mir —
Trotz Elternhaus, ich bleib' am liebsten hier;
Ich hab' hier meine Bücher, meine Sachen,
Will, wenn es sein kann, meinen Doktor machen;
Hab' auch Verkehr hier, alt' und junge Leute,
Den Pastor morgen und den Lehrer heute,
Kann mit dem Gärtner pflanzen und begießen,
Kann mit dem Jäger einen Hasen schießen,
Und kommt's zum Schlimmsten, geh' ich in den Krug,
Bestell' ein Seidel mir und rede klug,
Wie man's so tut, von Rüben und von Raps —
Der Krüger freilich ist halb Taps, halb Flaps,
Allein die Frau, die geht, die kann ich leiden,
Ist jedenfalls die Klügre von den beiden,
Ein bißchen nach sich, sparsam und genau,
Doch immerhin 'ne nette märk'sche Frau."

„Nun, lieber Porst, mir recht. Und 's wird schon gehn —
Nur immer 'n bißchen nach dem Rechten sehn;
Und wenn im Reichstag mal ein Ruhtag ist,
So komm' ich, und wir haben unsern Whist;
Man muß sich schließlich auch einmal was gönnen,
Und unser Dritter — nu, der wird schon können."

Und so kam Mai. Der Fink im Walde schlug,
Porst ging spazieren oder saß im Krug,
Meist plaudernd mit des Krügers muntrer Frau
Von Margarine, Butter, Mastviehschau,
Von Wollmarkt und wie gut der Roggen stünde, —

Das ew'ge Klagen sei doch fast 'ne Sünde.
„Das find' ich auch und sag' es jeden Morgen;
Die Wirtschaft, ach, ich hab' ganz andre Sorgen,
Die Jungen wachsen 'ran, die richt'gen Rangen,
Mit unserm Willem is' nichts anzufangen:
Der Jung ist faul, für gar nichts hat er Sinn, —
Ganz wie sein Vater dröhmt er bloß so hin, —
Und's Rechnen wird ihm alle Tage schwerer, —
Ich habe schon gedacht . . . vielleicht der Lehrer?"

„Wohl möglich, Frau; doch wie's damit auch sei,
Da hilft sich's schon ohn' große Hexerei,
Latein, Geschichte, werd' ich mit ihm treiben,
— Kann er denn schon 'nen deutschen Aufsatz schreiben?
Und wenn auch nicht, so viel versprech ich Ihnen,
Er soll zum mindesten nicht drei Jahre dienen."

Und wie versprochen, gleich am andern Tag
Tritt Porst ins Zimmer, mit dem Glockenschlag;
Und weiter so, — nie läßt er lange warten, —
Er kommt mit Zumpt, mit Lexikon und Karten,
Und was das Best' (im Busen wird es helle),
Der Junge kommt auch wirklich von der Stelle!
Lernt „Tabakspfeife", „Bürgschaft", Gellerts Fabeln
Unregelmäß'ge Verben und Vokabeln,
Lernt piper und papaver und auf is,
Was masculini generis.

Und eines Tages, nicht mehr allzu früh,
(. . . „er bleibt zu lange, gibt sich zu viel Müh")
Erscheint beim Unterricht die Krügerin
Und stellt vor Porst 'nen Eierbecher hin,
'nen Eierbecher, drin ein kleines Ei,
Ganz klein, die dünne Schale schon entzwei.
Porst lächelt, nimmt's und ißt's in guter Ruh;
Die Krüg'rin lächelt auch, und sieht ihm zu.

* *
*

Vergangen sind an zweiundzwanzig Jahr.
Der Kandidat Konsistorialrat war,
Hofprediger, Generalsuperintendent,
Ein großer Stern am preuß'schen Firmament.
Und heut vom Königsschloß her, klar und munter
Kommt er den breiten Opernplatz herunter,
Und an der neuen Wache, glau und schlau,
Wer will an ihm vorbei? — die Krügersfrau.
Die Schritte hemmt er. „Ei, Frau Krüg'rin, ei,
Hübsch stillgestanden, nicht so stolz vorbei!
Was macht der Mann? Was ist im Schlosse los?
Der Graf, ich weiß, war letzthin in Davos;
Und Willem; wenn nicht avanciert er ist,
Der ist nun wohl schon lange Reservist?"

„Gott, Gott! mir zittern ordentlich die Knie,
Herr Kandidat, jetzt erst erkenn' ich Sie,
Sonst war Ihr Rock so weit und so bequem,
Sie sind nicht mehr so spillrig wie vordem.
Und was mein Mann, mit dem wird's immer
schlimmer,
Er sitzt so rum und raucht und schläft noch immer;
Uns' Willem aber, dem geht's gut genug,
Wir sind im Altenteil, er hat den Krug;
Vorm Haus die Linde hat er eingeschient,
Und hat auch wirlich nur ein Jahr gedient.
Gott, manchmal denk ich noch an all die Sachen,
's mußt' Ihnen doch 'ne rechte Freude machen;
Die Gräfin kam ja Neujahr erst zurück,
Da war das mit dem Willem doch ein Glück,
Und gab ein bißchen doch für Sie zu tun,
Statt so den ganzen Tag sich auszuruhn.
Und einmal, als die Stunde schon vorbei . . .
Sie nicken . . . ach, Sie wissen schon . . . das
Ei."

## Land Gosen

Oft hör' ich: „Unsre gute Stadt
Augenscheinlich eine Verheißung hat,
Der Himmel, der uns so hegt und pflegt,
Hat uns alles wie vor die Türe gelegt.
Ja, ja, wir haben es leicht und bequem:
Im Brieselang Eichen, in Glindow Lehm,
In Nauen Kohlen, in Linum Torf,
Kalkgeschiebe bei Rüdersdorf,
Im Grunewald Schwarzwild, Hirsch und Reh,
Spargel en masse bei Halensee,
Dill und Morcheln und Teltower Rüben,
Oderkrebse hüben und drüben,
Auf dem Hohen Barnim Fetthammel-Herden
(Werden mit Nächstem Shoutdowns werden),
Königshorster Butter, in Sperenberg Salz,
Im Warthebruch Gerste, Graupen und Malz,
In Kienbaum Honig, im Havelland Milch,
In Luckenwalde Tuch und Drillch,
Bei den Werderschen Kirschen und Aprikosen
Und bei Potsdam ganze Felder von Rosen.
Nichts entlehnt und nichts geborgt,
Für Großes und Kleines ringsum gesorgt,
Und gesorgt vor allem auch (und nicht schlecht)
Schon für unser kommendes Geschlecht, —
Dess' sind uns Gewähr unsre lieben, strammen
Und fast unmöglichen Spreewaldsammen.

## Was mir gefällt

Du fragst: „Ob mir in dieser Welt
Überhaupt noch 'was gefällt?"
Du fragst es und lächelst spöttisch dabei.

„Lieber Freund, mir gefällt noch allerlei:
Jedes Frühjahr das erste Tiergartengrün,
Oder wenn in Werder die Kirschen blüh'n,
Zu Pfingsten Kalmus und Birkenreiser,
Der alte Moltke, der alte Kaiser,
Und dann zu Pferd, eine Stunde später,
Mit dem gelben Streifen der „Halberstädter";
Kuckucksrufen, im Wald ein Reh,
Ein Spaziergang durch die Lästerallee,
Paraden, der Schapersche Goethekopf
Und ein Backfisch mit einem Mozartzopf."

## Meine Gräber

Kein Erbbegräbnis mich stolz erfreut,
Meine Gräber liegen weit zerstreut,
Weit zerstreut über Stadt und Land,
Aber all in märkischem Sand.

Verfallene Hügel, die Schwalben ziehn,
Vorüber schlängelt sich der Rhin,
Über weiße Steine, zerbröckelt all',
Blickt der alte Ruppiner Wall,
Die Buchen stehn, die Eichen rauschen,
Die Gräberbüsche Zwiesprach tauschen
Und Haferfelder weit auf und ab, —
Da ist meiner Mutter Grab.

Und ein andrer Platz, dem verbunden ich bin:
Berglehnen, die Oder fließt dran hin,
Zieht vorüber in trägem Lauf,
Gelbe Mummeln schwimmen darauf.
Am Ufer Werft und Schilf und Rohr
Und am Abhange schimmern Kreuze hervor,
Auf eines fällt heller Sonnenschein, —
Da hat mein Vater seinen Stein.

Der Dritte, seines Todes froh,
Liegt auf dem weiten Teltow-Plateau,
Dächer von Ziegel, Dächer von Schiefer,
Dann und wann eine Krüppelkiefer,
Ein stiller Graben die Wasserscheide,
Birken hier, und da eine Weide,
Zuletzt eine Pappel am Horizont,
Im Abendstrahle sie sich sonnt.
Auf den Gräbern Blumen und Aschenkrüge,
Vorüber in Ferne rasseln die Züge,
Still bleibt das Grab und der Schläfer drin —
Der Wind, der Wind geht drüber hin.

## Inhaltsverzeichnis

## Nachwort

Theodor Fontane wurde am 30. Dezember 1819 in Neuruppin geboren und starb am 20. September 1898 in dem Hause Potsdamer Straße 134 c zu Berlin. Vater und Mutter gehörten jener französischen Hugenotten-Kolonie an, deren Vorfahren der Große Kurfürst Friedrich Wilhelm in seinen Landen eine Heimstatt bot.

Mit diesen Daten ist nicht nur das Gesetz, wonach Theodor Fontane angetreten, gekennzeichnet — sie bezeichnen zugleich wie Landmarken den wesenhaften Umkreis seines Lebens und seiner Schöpfungen. Das Preußentum, das noch nahe Vorfahren erst dankbar erwarben, „Landfremde, nicht Herzensfremde", wie der Nachkomme einmal sagt, war diesem doppelt fester und doppelt treuer Besitz. Nichts charakteristischer, als daß ihm im schottischen Stuartland, mitten in der Romantik einer von dem Bewunderer Walter Scotts längst zu schauen ersehnten Welt, das Bild des geliebten Havellandes, der märkischen Heimat aufsteigt. Das in Anschauung und Rhythmus einzigartige Werk der „Wanderungen durch die Mark Brandenburg" hat seine Empfängnisstunde an den Ufern des Firth of Forth.

Aber eben der Rhythmus dieser Wanderbücher erweist zugleich, welchen Weg Theodor Fontanes Phantasie ging, wenn er Vorzeit und Umwelt des Vaterlandes beschwor. Nicht auf pragmatische Darstellung und systematische Überschau war er eingestellt. Die völlig unzulängliche und bruchstückhafte Schulbildung, die er beim Hauslehrer und auf drei ungeeigneten, unter sich ganz verschiedenen Anstalten empfing, ward bei diesem Schüler kein verhängnisvolles Minus — sie kam seiner innersten Art vielmehr entgegen. Denn das Eigentliche erlernte er ja bei dem ihm in all solchem wesensverwandten Vater, dem Freiwilligen von Anno Dreizehn, dem gedächtnisstarken Besitzer und Austeiler eines Füllhorns an geschichtlichen Anekdoten. Die Schlagkraft dieser zugespitzten Kurzgeschichten Louis Henris erhielt das Erzählte im Gedächtnis noch des Greises Theodor Fontane lebendig; und dem späteren Hörer anderer Sprecher, dem Leser von Zeitung, Brief und Buch prägten sich die Gestalten und Hoch-Zeiten der Geschichte so am nachdrücklichsten und, wenn der Ausdruck erlaubt ist, für sein „Metier" brauchbarsten ein. Als Theodor Fontane unter dem Jubel des Tunnels über der Spree zuerst die Verse von Preußischen Helden vortrug, da reihte er einen charakteristischen Zug von anekdotenhafter Belebung an den anderen und gelangte doch so zum unvergeßlich umrissenen Eigenbilde jedes Einzelnen, wie der geistverwandte und bewunderte Tunnelbruder Adolf Menzel in seinen Zeichnungen zur Biographie Friedrichs des Großen aus hundert Einzelheiten zum ersten Male das Außen- und Innenbild des Herrschers erschlossen hatte.

Im Briefwechsel mit dem preußenfremden friesischen Freunde Theodor Storm verteidigt Fontane sein Vaterland, das Adlerland, gegen voreingenommene Verkennung. Aber der unbeirrbar kritische Blick des Landfahrers, der auch jenseits der staatlichen und völkischen Grenzen Bescheid wußte, mißt wohl ab, was des Festhaltens wert ist. Er sieht das Kleine klein und nur das wirklich Große groß. Jene angeborene und dann bewußt weiterentwickelte Neigung zum charakteristischen Moment, zur kennzeichnenden Gebärde verleitet ihn nicht zur Überschätzung bloß lokaler Überlieferung, provinziellen Selbstruhms. Nur das reizt diesen Dichter und Darsteller, was verdient, in den größeren Rahmen der harten Geschichte des Geburtslandes einzugehen. Friedrichs Grenadiere dürfen wohl in Fontanes Versen von Zügen berichten, welche die nahe Mitwelt dem Herrscher ankreidete — aber das Ziel auch solcher poetischen Geschichtenlese ist nicht Beckmesserei an dem Helden, sondern im Gegenteil Herausarbeitung der geschichtlichen Größe aus dem realen Werkstoff einer unbefangen aufgenommenen und hellhörig abgelauschten Überlieferung. So menschlich faßbar, mit liebender Zueignung, die das Kleine wahrnimmt, aber an den gewiesenen Ort rückt, sind diese Menschen erschaut, Menschen eben, auch wenn sie Helden sind.

So rundet sich ein Großteil des lyrischen und balladischen Werkes von Theodor Fontane zu einer Preußischen Ruhmeshalle, die man lieber noch eine Halle Preußischen Lebens unter dem Geschichtsblick eines Dichters von preußischem Wesen nennen möchte. Der glückhafte Finder überlieferten Volkstums präludiert sich selbst mit Volksballaden, die er aus der Zersungenheit in unbefangenem Tone zu neuem vershaften Leben weckt. Und dann setzt der Ton jener Feldherrngedichte ein, die ihm den ersten Ruhm gebracht haben, mit denen er das Bild der Gefolgsmänner des Großen Kurfürsten und des Großen Königs so geprägt hat, wie sie heute noch lebendig sind. Ihnen reihen sich die preußischen Gestalten des nächsten Jahrhunderts an, die Altersgenossen von Fontanes Eltern und seiner selbst, vom Prinzen Louis Ferdinand, den auch sein „Schach von Wuthenow" vorführt, bis zu dem Gründer des Reichs, den Fontanes Gedicht im Sachsenwalde betten hilft, eben bevor der Dichter selbst die Augen für immer schließt.

Um die Helden aber lebt die Landschaft. Da ist das Havelland, die eine Wiege der Preußengröße, das Geburtsland zugleich Fontanes, der blühende Kranz der Dörfer am blauen Flußbande; da ist die Bauernschaft, zum Jubel erregt bei neuer Siegeskunde; da ist das heimatliche Berlin, dröhnend unter dem Tritt der einmarschierenden Bataillone von Königgrätz und Sedan, überrauscht von Fahnen. Und da ist auch jenes Berlin, durch das mit immer noch rüstigem Schritte der weiß und weise gewordene Wanderer den täglichen Nachmittagsweg geht, immer noch bereit, „das noch zu erleben".

Zweifach besitzen wir in dichterischer Spiegelung das preußische Leben und Werden der hohenzollerischen Jahrhunderte, beide Male charakteristischerweise vollbracht von Nachkommen der eingepreußten Hugenotten: in der Dichtung des Willibald Alexis und in der Theodor Fontanes. Von den „Hosen des Herrn von Bredow" bis zum „Stechlin" führt ein Weg, der nicht parallel den geschichtlichen Entscheidungen eines halben Jahrtausends, sondern in und über ihnen verläuft. Wie persönlich verschieden der eine und der andere schreiten und sichten, das auszuführen ist hier nicht der Ort. Fontanes Werk verläuft in diesem Betracht dreispurig: aus dem rein geschichtlich-geopolitischen Bezirk der „Wanderungen" und der drei nach ihrem Schwergewichte niemals voll anerkannten Kriegsbücher steigt er zur Schöpfung seines großen Geschichtsromans „Vor dem Sturm", des bedeutsamsten seiner Zeit, empor und bildet in erzählerischer Schau das Wesen der preußischen Hauptstadt so weiter, daß auch das nicht geschichtlich Gedachte heute den Reiz historischer Darstellung aus dem scheidenden Jahrhundert angenommen hat. Und die Verse von der Tunnelzeit bis zu Bismarcks Ausgang überwölben auf dritter Höhe das preußische Werk des preußisch-deutschen Dichters. Sie bilden Unverwelktes unverwelklich, auch in veränderter Zeit.

* * *

Den weiteren Kreis der Genossen um den jugendlichen Fontane versucht ein anderes Bändchen dieser Sammlung „Theodor Fontane im Freundeskreise. Gedichte aus dem Tunnel über der Spree“ gegenwärtigen Lesern nahezubringen. Unter der Aufschrift „Fridericus Rex“ wird ein nächster Band Balladen und Feldzugserinnerungen von Willibald Alexis umfassen. Wer die hier gezogenen Linien zu Fontanes Bildnis weiterverfolgen will, sei auf folgende drei Werke verwiesen: Mario Krammer, „Theodor Fontane“ (Berlin 1922), Heinrich Spiero, „Fontane“ (Wittenberg 1928), Conrad Wandrey, „Theodor Fontane“ (München 1919).

FSC
www.fsc.org
MIX
Papier | Fördert
gute Waldnutzung
FSC® C083411

Kolibri 360 GmbH
Ferdinand-Jühlke-Straße 7
99095 Erfurt, Deutschland
produktsicherheit@kolibri360.de